动物园里的朋友们

（第二辑）

我是浣熊

［俄］亚·季莫费耶夫斯基 / 文
［俄］安·戈尔拉奇 / 图
刘昱 / 译

江西美术出版社
全国百佳出版单位

我是谁？

人类和小动物们，你们好，我是浣熊，出生在美国。

我有牙齿、爪子和毛皮。我带条纹的尾巴很有名。我可以和你的猫咪做朋友。我需要被精心的照料、关怀和爱抚。我喜欢玩水，浣熊的工作就是在水里玩呀玩。玩累了，我就到岸边坐下来，写一首小诗：狮子去打猎，浣熊来称王！

5只浣熊的体重加起来就比你重了。
印第安人管浣熊叫“阿拉酷捏（Arakune）”，
意思是用手指挠地面。

我们的居住地

不要把我们搞混了。我们就像公爵或王子。请尽力记住我们世袭的姓：格氏浣熊、特岛浣熊、巴哈马浣熊、科苏梅尔浣熊、瓜德罗普岛浣熊和食蟹浣熊，等等。而我是北美浣熊，我们喜欢河流和森林里的湖泊。我们可以在田野、花园和废弃的老房子里生活。如果能找到免费的公寓住，那我们可真是再高兴不过了。

浣熊的平均寿命为10年左右，

是兔子的2倍。

如果森林里没有湖，那就看不到浣熊！

我长什么样？

这是我的照片，你仔细看看：漂亮的脸蛋儿、圆圆的耳朵。你可能不明白，为什么我的眼睛周围有个“黑眼圈”？你瞧，浅色的脸上有黑色的斑点，多像狂欢节面具呀！我身上长长的毛呈灰褐色，世界上再没有比这更好的毛皮了。我的邻居食蟹浣熊的毛短一些。他很挑剔，而我是妈妈的乖宝宝。我的尾巴上有7个环，就像土星一样。

浣熊的尾巴上一般有 **5~7** 个环。

浣熊的手掌上有浅色的“手套”，
脚掌上有短毛做的“袜子”。

我们的手掌和牙齿

那些用两条腿走路的动物可真笨，比如人或者鸟，他们都有摔跤的可能，并因此受伤。但我不用担心摔跤，因为我用四条腿走路。你知道吃饭前要洗手吗？我每次都会洗——爪子洗得很干净，食物也洗得很干净。我们浣熊用手指拿食物，一直都是这样的，就像人类一样。我们的手指纤细、灵巧，特别适合捕鱼。捕到了鱼，大快朵颐嚼得很香！我们浣熊有很多牙齿！

浣熊有**36~42**颗牙，比你多。

浣熊的掌印和你的手印很像。

我们的感官

人们都说我特别直爽，视力像猫，听力像音乐家巴赫。在黑暗中走动时，我就像一名侦察兵，胸有成竹。

浣熊的触觉也很灵敏。我们能够提前感知一切。如果一位浣熊叔叔偷偷靠近我，用手捂住我的眼睛，我能立马告诉你他是谁。

浣熊的掌上有5根指头。

浣熊可以用灵活的掌感知一切，

获得重要的信息，

我们不需要互联网！

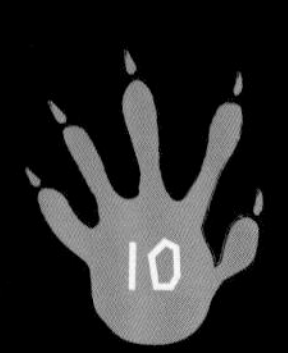

俄罗斯浣熊表演

杜罗夫动物剧院的已有**60**年的历史！

浣熊 1 小时可以打开 24 把锁。

我们是演员

我很容易相处，我愿意和人类交朋友。

浣熊很聪明，有可能的话，我会邀请苏格拉底来我家做客。但如果把我惹毛了，我会把周围搅得天翻地覆。我很好斗，足智多谋，勇敢又狡猾。即使难度再大，我也能打开盒子上的 30 个插销，特别是当盒子里有好吃的时。我天生就是一个乐观主义者。对了，我还是演员！是的，我是演员，在杜罗夫剧院的舞台上表演！

浣熊奔跑的速度约为
24千米/小时。
浣熊跑步的速度可能
是你的2倍。

我们是运动员

浣熊喜欢有个性的走路方式。比如，戴着海军帽，穿着海军服走路就很神气！我们有时单独走，有时两两结伴而行，周日晚上还会沿着林荫道在河边散步。两个月大的时候我们就学会游泳了。以我们的游泳水平早就可以参加奥运会了。我们爬起树来就和奔跑一样快！我们可以抓住树枝，在树上嬉戏，还可以从高处跳下去，别担心，我们会安全落地，不会受伤。

浣熊的后掌和熊一样，有些向内歪，
走路时两只后掌蹭着地。

成年的浣熊1天吃1~2顿饭，

童年时的浣熊一天得吃8顿饭。

我们的食物

浣熊靠森林、田野和河流提供的食物生活。浣熊妈妈还会给孩子捕蛇吃。但如果要举办一场宴会，我们是不会吃这些爬行动物的。还有更可口的食物，如坚果、鸟蛋、鱼、螃蟹等。青蛙可以当作饭后甜点。相信我，这些太好吃了！我们去人类那里做客时不会太挑剔。为了招待我们，你一定准备了鸡肉。

浣熊不能吃烤的、咸的、甜的食物！
最好给我们准备荞麦粥。

虽然浣熊独自居住，但是冬天时我们会聚居在一起，这样暖和一些，可以抵挡寒冷。

我们的摇篮曲

我不知道成年人类在这个世界上生活得怎样，但我知道小孩子生活得可不太如意。因为，正当他们玩得高兴时，妈妈就会喊道："该睡觉了！"我们浣熊在洞里睡觉，想睡就睡，不用去管几点了。我最喜欢的事情就是妈妈给我唱摇篮曲："睡吧，睡吧，浣熊宝贝……"你的妈妈也会为你唱摇篮曲吧！

在寒冷地区，浣熊会冬眠4个月。
但一旦开始吃东西，就会比冬眠刚醒来时胖2倍！

浣熊一般会有2~6个兄弟姐妹。

我们的浣熊宝宝

每个人都知道孩子是如何出生的，我也知道！5个月大的时候，我已经独立了。我们的家庭关系亲密。和母亲度过第一个冬天后，第二年的春天我们就会离开家。人类的孩子无法休息，他们要在学校里读10多年的书。而我们1岁时妈妈就对我们说：“够了，你们自己学习吧！”

刚出生的浣熊宝宝体重只有妈妈的1/10。

生活在南美洲的浣熊飞速奔跑，
可以逃出短吻鳄的魔掌。

我们的天敌

浣熊非常善良，爱自己的亲人和朋友。浣熊的敌人有狼（包括草原狼）和猞猁。我不怕他们，也不会见到他们就打哆嗦。如果在路上遇到狼群，我该怎么办？当然是一溜烟地逃跑！狼群只能摇着尾巴，看着我们消失。

浣熊最大的天敌是人类，因为浣熊的皮毛很珍贵，人类经常猎捕浣熊。

你知道吗？

500年前，欧洲人第一次从美洲发现者哥伦布那里听说浣熊这种动物。

浣熊主要生活在北美洲、中美洲和南美洲，在亚洲和欧洲也能看见它们的身影。浣熊大都分布在半沙漠地带、草原、沼泽和潮湿的热带雨林。

人们很长一段时间都无法判断这种神奇的动物到底是什么，它们和哪些人类已经熟知的动物是亲戚。有人认为浣熊是狗，有人认为它们是獾，还有一些人认为它们是猫，甚至有人建议把浣熊称作小熊。

科学家争论了很久，最后决定让浣熊自成一类，将它们归为浣熊科。

浣熊之所以被称为浣熊，是因为它们的尾巴和貘很像，貘是一种家养小动物，从前人们养貘，而不是养猫。

浣熊科下有15种动物。

浣熊的亲戚有蜜熊、南美浣熊、蓬尾浣熊、长鼻浣熊、犬浣熊和小熊猫。

浣熊喜欢在水里涮洗食物。在美洲——这些有趣的动物的故乡，还可以见到其他类型的浣熊。

浣熊不喜欢干燥的森林。

在南方的海岸边比较常见。

神秘的科苏梅尔浣熊只生活在墨西哥的科苏梅尔岛上。它是所有浣熊中体形最小的——只有普通浣熊的一半大。从前，这些浣熊经常被猎杀，所以现在只剩大约300只了。现在科苏梅尔浣熊住在自然保护区内，人们在那里照顾和保护它们。

人们认为，格氏浣熊已经灭绝了，因为近**40**年来都没人见过它们。

在温暖的加勒比海中央的岛屿上，你可以见到另一种罕见的浣熊——瓜德罗普岛浣熊，它们比普通浣熊体形大一些，善于爬行，喜欢甜美的热带水果，和其他浣熊一样，都喜欢美食。

特岛浣熊有蓬松的毛，它们努力避开人类，所以人们对它们的研究很少！

食蟹浣熊居住在中美洲和南美洲的丛林和沼泽中。它们和其他浣熊有很大的不同，它们身体很瘦，掌很长，尾巴上长的毛也不是特别蓬松，但是有条纹。它们的牙齿很锋利，所以它们的菜单上有各种各样的螃蟹和小龙虾。

浣熊是杂食动物。它们喜欢在春季和初夏打猎，之后吃植物，比如坚果、浆果、土豆、谷物。它们也不介意吃昆虫幼虫。浣熊还吃鸟蛋，它们身上厚厚的皮毛可以保护它们不被鸟啄伤。

人们至今也不明白，为什么浣熊吃东西之前会先冲洗食物。是不是因为它们特别爱干净？不是这样的，因为浣熊也会在沼泽地的脏水里涮洗食物。

浣熊的前掌和我们人类的手很像，
印第安人的一个部落称浣熊
为“长着人手的小熊”。

大多数科学家认为，浣熊习惯冲洗食物是因为它们在夜间捕猎。在夜间很难找到美食，浣熊用掌拍打水面，在水下摸索，想要找到一只青蛙、一只蠕虫或其他好吃的。在外人看来，浣熊似乎在洗爪子并且洗涤食物。然而，有些人认为浣熊这样做是为了让食物变得更可口，还有一些人则认为浣熊冲洗食物只是为了打发时光。

还有人认为，浣熊冲洗螃蟹和小龙虾，
是为了将它们催眠，不让它们咬自己。
拍打水面就好像在给螃蟹演奏催眠曲。

在陆地上，浣熊拖着脚走路，走得很慢。但一旦感觉到危险或抓住了猎物，浣熊便会加快脚步，并用后脚站立前行，就像猴子一样。

浣熊的脚掌很特殊，可以旋转 **180** 度。
正因如此，浣熊可以灵活地爬树，
还能头朝下从树上爬下来。

必要时，浣熊可以横渡小河，或者像松鼠一样在树上窜来窜去，还能从 8~12 米高的树上跳下去。

浣熊喜欢玩耍。有时，浣熊会扯来一根长长的草，把它缠在自己的鼻子上，缠呀缠呀，能一直玩半个小时；有时，它会躺着，从身边扯下稻草，在它的肚皮上盖一栋小房子，小房子看起来摇摇晃晃，但浣熊会把它建得更牢固。

浣熊不会挖洞，所以它们只能
选择一个空树洞当作自己的住处。
浣熊白天睡觉，夜晚出来活动。

人们喜欢浣熊，他们经常试着驯服浣熊。但浣熊不是狗，它们非常任性。如果浣熊认为房子里的某个地方是自己的领地，那么你赶都赶不走它。它还会在没有得到允许的情况下，拿走主人心爱的东西。

浣熊是善良又聪明的动物。在幼年时期，它们很
容易被驯服，但事实上，它们更喜欢自由。

浣熊的学习能力很强，并且能在很长时间内都记得它们所学到的本领，它们甚至能在厨房打开煤气，所以你必须时刻保持警惕。浣熊能轻松记住你给它取的昵称并做出回应。

如果家里养了浣熊，一定要给它们
准备宽敞的地方来睡觉，别忘了
还要放上一个装满清水的水盆！

家养浣熊有时候会感到很无聊，因为人类房子里可以摸、可以咬的东西太少了。如果是在大森林里，有树枝、浆果、石头，浣熊的生活将更丰富多彩。

在城市中，浣熊甚至可以生活在下水道和烟囱中！

最重要的是，我们的家里没有那么大的水池，可以让浣熊涮任何它们想涮的东西。所以，家养的浣熊有时会很难过，不知道自己该做什么，只是两只小手搓来搓去，就像人们手足无措的样子。

浣熊在房子里走来走去，想要去冒险。它们可能会打开燃气灶或者用钥匙打开门，也许还会切断电线——不仅浣熊有危险，房子也有着火的可能。它们还可能把主人的物品拖到某个角落里去。

浣熊通过发出哞哞声、哼哼声、口哨声和咆哮声来交流。浣熊小时候喜欢发出尖叫声或者口哨声，长大后就变得沉默了。

家养浣熊不能独自待在公寓里，你要多带它出去转转，以防它搞破坏，而且也不应该长时间把浣熊关在笼子里。

通常，浣熊妈妈一胎能生下 **3~7** 只浣熊宝宝。刚出生的浣熊宝宝小小的，眼睛还看不见。**18~24** 天后，浣熊宝宝才能睁开双眼。浣熊宝宝 **5** 个月大时，妈妈会开始教它爬树、游泳、打猎。浣熊爸爸不抚养孩子。浣熊妹妹 **1** 岁时就成年了，浣熊弟弟 **2** 岁时成年。

幼年时，浣熊非常喜欢和它们的主人一起玩。但随着年龄的增长，浣熊不喜欢玩游戏了，它们会离主人远远的，自己溜达。如果你强迫它们跟你玩，它们可能会咬人。毕竟，浣熊是野生动物，不是家养的小猫！因此，我们不建议在家里养浣熊。让浣熊回到大自然，它们会在那里生活得自由自在！

浣熊能在很长时间内都记得怎样完成任务（如获得食物、开锁）——能记住 **3** 年！

浣熊是一种小型野兽，但十分强壮和勇敢。当居住地附近有人类时，它们不会躲进大森林，而是去城市和村庄，然后在垃圾桶里寻找食物，并把食物拖出来。在花园里，浣熊会把成熟的果实都吃了，只给主人留下生果子和烂果子。秋天，浣熊吃得很多，变得胖胖的。

在北方的寒冷地带，浣熊要冬眠4个月，但不会睡得像狗熊那么沉。

生活在寒冷地带的浣熊，身上有厚厚的脂肪层——几乎是浣熊自身体重的一半。厚厚的绒毛也可以帮助它们抵挡严寒。

生活在南方的浣熊冬天不会冬眠。

在美洲印第安人的童话故事中，浣熊有着厚厚的毛，而且就像狐狸一样，爱耍滑头。它们偷偷摸摸地走来走去，然后用尾巴把自己的脚印都扫干净。

对于浣熊来说，触觉是最重要的。它们的头部、胸部、腹部和爪子上都有特别坚硬的触须（就像猫的小胡子），有了这些触须，浣熊可以在黑暗里四处走动。

有一个非常受欢迎的美洲印第安童话，就讲述了一只狡猾的浣熊的故事。这只浣熊骗了小龙虾、鱼和青蛙。在童话里，浣熊最好的朋友是负鼠。

在美国的佛罗里达州，浣熊常常会不请自来，而且把所有它们喜欢吃的东西都吃掉！

其他捕食者想从浣熊那里抢食物是肯定抢不来的。那就只能打一架了。如果力量悬殊，浣熊会耍滑头——装死。它安静地躺着，一动不动，不呼吸，甚至舌头都吐出来挂在一边。敌人会想：太好了，浣熊死了，我赢了！然后离开。敌人离开后，浣熊会飞快地跳起来并溜走。不是所有野生动物都能这么聪明的！

浣熊脸上的黑斑点好像太阳镜或者化装舞会上戴的面具。浣熊是非常狡猾的动物！

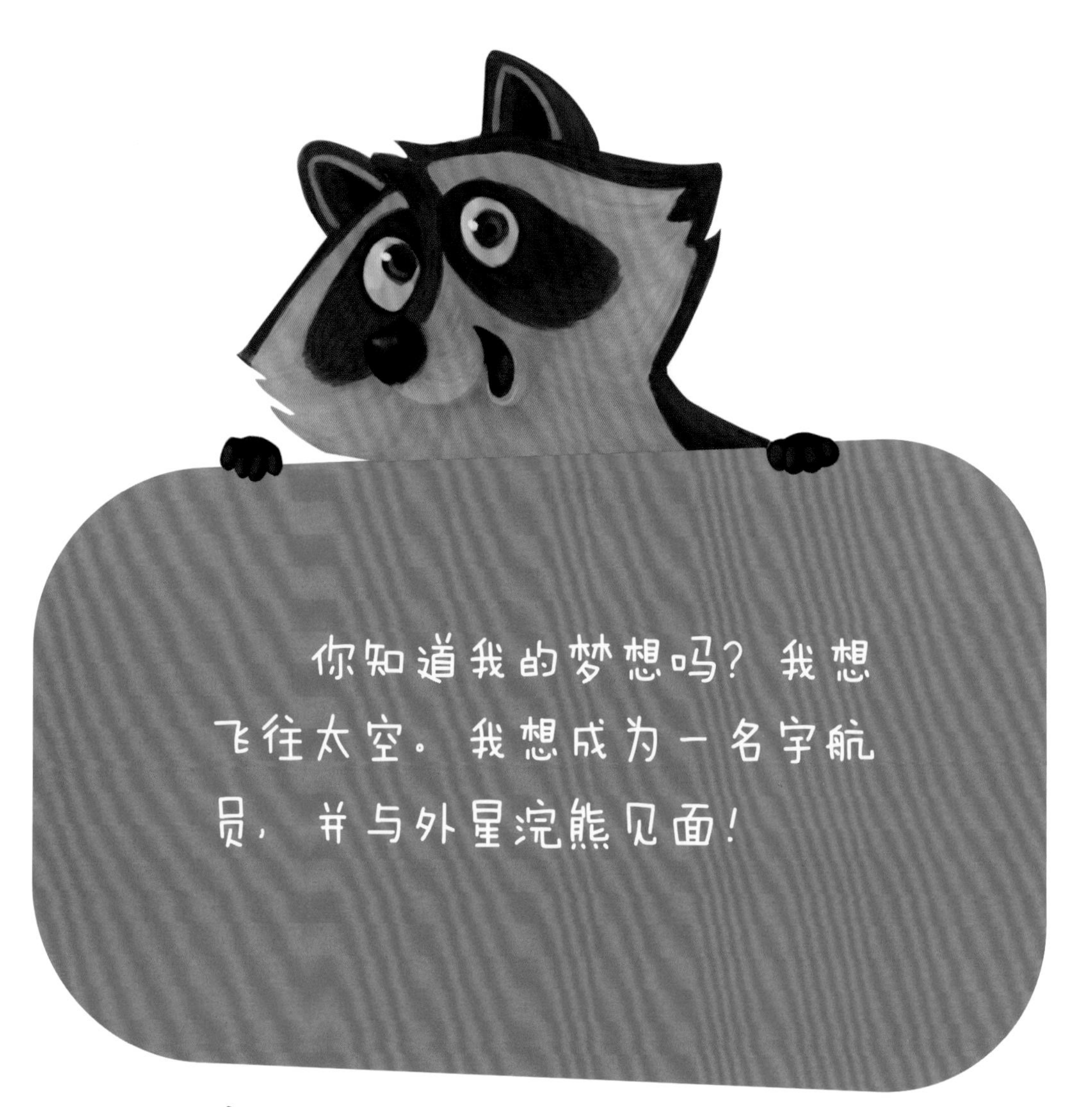

你知道我的梦想吗？我想飞往太空。我想成为一名宇航员，并与外星浣熊见面！

再见！我们还会见面的！

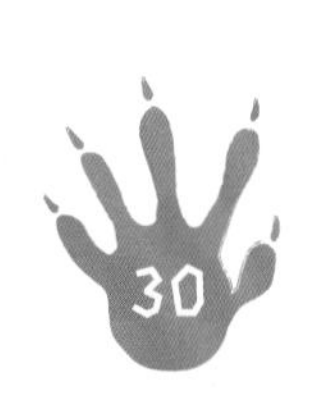

动物园里的朋友们

本套书共三辑，每辑 10 册，共 30 册。明星作者以第一人称讲故事的形式，展现每个动物最与众不同、最神奇可爱的一面，介绍了每种动物的种类、生活环境、形态特征、生活习性等各方面。让孩子们足不出户也能了解新奇有趣的动物知识。

第一辑（共 10 册）

第二辑（共 10 册）

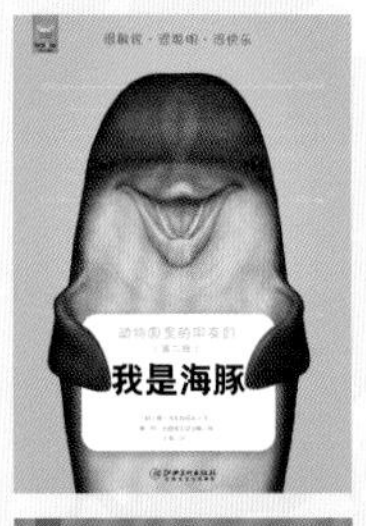

第三辑（共 10 册）

图书在版编目（CIP）数据

动物园里的朋友们. 第二辑. 我是浣熊 / (俄罗斯)
亚·季莫费耶夫斯基文 ; 刘昱译. -- 南昌 : 江西美术
出版社, 2020.11
ISBN 978-7-5480-7514-1

Ⅰ. ①动… Ⅱ. ①亚… ②刘… Ⅲ. ①动物一儿童读
物②食肉目一儿童读物 Ⅳ. ①Q95-49

中国版本图书馆CIP数据核字(2020)第068239号

版权合同登记号 14-2020-0157

出 品 人：周建森
企　　划：北京江美长风文化传播有限公司
策　　划：巴拉拉
责任编辑：楚天顺 朱鲁巍
特约编辑：石　颖 吴　迪 王　毅
美术编辑：童　磊 周伶俐
责任印制：谭　勋

动物园里的朋友们(第二辑)　我是浣熊

DONGWUYUAN LI DE PENGYOUMEN (DI ER JI)　WO SHI HUANXIONG

[俄]亚·季莫费耶夫斯基/文　[俄]安·戈尔拉奇/图　刘昱/译

出　　版：江西美术出版社
地　　址：江西省南昌市子安路66号
网　　址：www.jxfinearts.com
电子信箱：jxms163@163.com
电　　话：0791-86566274 010-82093785
发　　行：010-64926438
邮　　编：330025
经　　销：全国新华书店
印　　刷：北京宝丰印刷有限公司
版　　次：2020年11月第1版
印　　次：2020年11月第1次印刷
开　　本：889mm×1194mm 1/16
总 印 张：20
ISBN 978-7-5480-7514-1
定　　价：168.00元（全10册）